NOTICE

EAUX ACIDULES, ALCALINO-FERRUGINEUSES

DU BOULOU

ET DE SAINT-MARTIN-DE-FENOUILLAR

(PYRÉNÉES-ORIENTALES),

PRISE

Sur le traité des eaux minérales des Pyrénées-Orientales
[1833], par **J. ANGLADA**, professeur de médecine légale de
Montpellier , professeur de
chimie à la faculté des sciences,

et sur une nouvelle analyse de
ces eaux , faite le 26 avril 1840,
par **M. BÉRARD**, professeur
de chimie générale et de toxi-
cologie de la faculté de médecine
de Montpellier.

MONTPELLIER,
Imprimerie de **X. JULLIEN**, place Marché-aux-Fleurs.
1840.

DES EAUX

ACIDULES, ALCALINO-FERRUGINEUSES

DU BOULOU

ET DE SAINT-MARTIN-DE-FENOUILLAR.

Esquisse des Lieux.

Non loin du Boulou, sur la gauche de la route Royale qui conduit en Espagne par le Perthus, jaillissent plusieurs sources minérales, acidules, alcalino-ferrugineuses ; elles coulent le long d'un ravin qui, sous le nom de *Correc de St.-Marty*, divise les terroirs du Boulou et de la commune de Maureillas. Ce ravin est lui-même situé au pied du *Pic de l'Estelle*, montagne faisant partie des Albères ; c'est-à-dire, de cette première portion de la chaîne Pyrénéenne qui sépare l'ancien Roussillon du Lampourdan, et vient aboutir à la grande route, près d'une maison de campagne connue, dans le pays, sous le nom de *Mas d'en Baptiste*. A quelque pas des sources, au milieu d'une propriété qui en est séparée par la route Royale de Perpignan en Espagne, s'élévera dans peu un grand et bel édifice. Les promenades qui l'entourent, tracées en partie dans un bois de chênes-verts, offriront aux personnes qui fréquenteront les eaux un agréable ombrage ; dans le même bois coulent des fontaines dont l'eau fraîche et limpide sert à de nombreuses irrigations, et prête un charme particulier à l'ensemble du paysage ; la pureté, la douceur de l'atmosphère, la beauté du site, et principalement l'efficacité des eaux minérales ne laissent pas douter que de nombreuses cures ne viennent constater, chaque anné e, les résultats thérapeutiques les plus encourageans.

La route Royale d'Espagne , située au pied de vallons agréables , présente un coup d'œil digne de l'observateur : le regard peut , à son choix , parcourir dans un faible lointain une plaine couverte d'une belle culture, ou se reposer sur l'imposant aspect des montagnes dont la variété contraste admirablement avec le reste du tableau. On a en face la colline en pain de sucre qui couronnait jadis les trophées de Pompée , et que surmonte aujourd'hui le chateau de Bellegarde, sentinelle avancée sur ces frontières, et si célèbre dans les différentes guerres entre la France et l'Aragon. On voit et on peut visiter les deux antiques châteaux (*clausuræ*), forteresses historiques , élevées par les Goths, et connues de nos jours sous les noms *de haute et basse écluses*. Une promenade vous conduit à l'un ou à l'autre des deux passages du *Perthus ou de Panissas* , qui sépare la colline de Bellegarde ; on se trouve sur l'emplacement d'une station Romaine, porte militaire que gardait un *Centurion*, et on voit à travers le bois de chênes-liéges qui domine cette antique position, qu'illustra le peuple-Roi , les traces d'une ville Gauloise disparue depuis bien des siècles.

Au nombre des incursions qui font trouver tant de charmes à contempler les sites pittoresques de nos montagnes , l'on peut citer la visite d'un ancien hermitage connu sous le nom de *Saint Cristau* , bâti sur un des points culminants des Albères , entre des rochers presque inaccessibles ; l'aspect sauvage de ce lieu forme un observatoire où l'on peut embrasser d'un coup-dœil la chaîne irrégulière des Albères surmontées de ses anciennes tours, et toute la plaine du Roussillon.

Non loin de ce lieu s'offre un plateau gazonné qui s'allonge dans la direction du N. O. au S. E., et se prolonge jusqu'au *roc des trés term s*, ainsi appelé à cause des trois crêtes de montagnes qui viennent aboutir au même point. Les versants divisent la France de l'Espagne, et la commune de St -Jean-des-Albères de celle de Laroque.

Le rocher *de trés termes* est situé auprès de la belle forêt de Recasens, peuplée de taureaux sauvages, renommés dans le pays par leur agilité à la course. C'est dans cette forêt que les habitans de la ville de Ceret (1) viennent s'en procurer, toutes les années, pour ce genre de spectacle qui a lieu le 18 septembre, à l'occasion de la fête patronale de l'hermitage de St.-Ferreol si célébre dans le département.

Le *Roc des très termes* est, sans contredit, un des sites le plus imposant des Pyrénées; de son sommet, un immense horizon apparaît de tout côté; l'aspect agreste des monts qui divisent les deux Royaumes; la chaine des montagnes qui entourent le bassin du Roussillon et la plaine de Catalogne; le cours argenté des rivières qui serpentent de l'Ouest à l'Est; le grand nombre de villes et villages, riches d'une culture des plus variées, et la Méditerranée qui s'offre en perspective depuis le département de l'Aude jusqu'au Golfe de Roses, sur une longueur de 50 lieues; tout cela offre à l'admiration du voyageur un panorama dont la beauté est au dessus de toute description; l'ascension au *Roc des très termes*, et le retour à l'établissement peuvent se faire avec tout l'agrément désirable dans un jour.

Le Boulou et Maureillas, près desquels surgissent les sources minérales, se trouvent assis au milieu d'un sol agréablement disposé. C'est particulièrement dans ces villages que l'on rencontre, les jours de fête, ces danses

(1) Ville, Sous-Préfecture à 2 petites heures de l'établissement.

Roussillonnaises que le caractère ainsi que la vivacité des mouvements rendent si originales , si piquantes.

Le Village du Boulou , (1) plus rapproché des sources que Maureillas, est un but de promenade pour les buveurs. Pour se rendre de Perpignan au Boulou , on suit une belle route Royale qui conduit les voyageurs jusques dans l'établissement ; le trajet se fait facilement au moyen de voitures publiques qui partent tous les jours , à des heures fixes , et qui assurent toutes les commodités désirables ; le trajet s'effectue dans trois heures.

Le genre de vie qu'on mène au Boulou et à Maureillas, est des plus agréables , et doit influer nécessairement d'une manière heureuse sur le rétablissement du moral comme du physique. Là point de sujétion ; les soins de la santé , voilà une raison suffisante pour s'affranchir de tout devoir gênant ; liberté complète ; pas d'inquiétudes ; on y fait promptement connaissance avec les habitans dont le caractère doux et facile se prête sans peine à la réciprocité ; on se mêle à leurs jeux ; on prend part à leurs fêtes ; la confiance répond à la confiance , et l'on rentre dans sa chambre où l'on trouve toujours aux heures des repas des aliments sains et délicats. (2)

Les eaux acidules , alcalino ferrugineuses du Boulou et de *Saint Martin de Fenouillar* , se prennent en boissons et en bains ; la durée de leur usage est subordonnée à la nature de la maladie. L'illustre Dr *Carrére de Perpignan* fût un des premiers à se convaincre des bons effets qu'on pouvait obtenir de ces eaux qu'il compara à celles de Spa. Le carbonate ferrugineux que contiennent les sources

(1) La distance du village du Boulou aux sources est d'un kilomètre.

2) Dans ces villages le gibier y abonde, de même que le poisson de mer, de rivière, les fruits, le laitage, etc.

minérales, rend les eaux de ces sources susceptibles d'être transportées ; et quelques précautions prises à la source pour les mettre dans des vases convenables, suffisent pour assurer la conservation des principes d'acide carbonique et de carbonate alcalin (1) dont elles sont abondamment pourvues. Ce grand avantage a été signalé dans l'histoire des sources du Boulou par le savant professeur *Anglada*, dans son traité des eaux minérales des Pyrénées-Orientales.

ANALYSE

De l'eau de la source du *Boulou*,

PAR M. ANGLADA,

Professeur de médecine légale de la faculté de médecine de Montpellier, Professeur de chimie, ex-Doyen de la Faculté des sciences de la même ville, Membre du Conseil académique, Membre correspondant de l'Académie Royale.

ANNÉE 1833.

Eau limpide, bulleuse, d'une température de 17°, 5. c.; celle de l'air étant à 15° c. , ne coulant qu'en filet très mince, mais dont le volume paraît peu subordonné aux accidents météorologiques , suivant le témoignage des personnes habituées à voir la source dans toutes les saisons de l'année; d'une saveur fortement aigrelette et piquante ; produisant sur l'organe du goût cette impression d'astringence métallique qui dénote la présence d'un sel ferrugineux ; offrant de plus, à une dégustation attentive , une légère amertume.

L'eau de cette source , reçue dans un vase de verre .

(1) ANGLADA. Chapitre 1ᵉʳ livre 3ᵉ

aisse apparaître, bientôt après, une infinité de bulles gazeuses; l'agitation accroît le dégagement. Si l'on secoue l'eau dans une bouteille dont on ferme l'ouverture avec le pouce, le gaz ne tarde pas à s'échapper avec violence et sifflement; indice qui suffirait, au besoin, pour témoigner combien le liquide abonde en principes expansifs.

En peu de temps, au contact de l'air, ces eaux se troublent, perdent leur transparence, et déposent une matière sédimenteuse, d'abord blanche, ensuite sensiblement jaunâtre.

C'est en vertu de ces dispositions, que les eaux de la source abandonnent, le long des canaux qu'elles parcourent, un sédiment abondant, presque incolore dans sa partie supérieure, et d'un brun-rougeâtre vers le fond.

Au voisinage de la source se présentent çà et là quelques transsudations de la même eau, à travers lesquelles s'échappent, d'une manière intermittente, des bouillonnements gazeux et dont la surface est recouverte d'un dépôt pelliculaire.

EXAMEN
Des gaz qui s'échappent de cette source.

L'eau de la fontaine du Boulou, venant dans une direction latérale, et coulant en filet continu, est évidemment mal disposée, pour permettre de recueillir le gaz qui s'en échappe (1) spontanément. En revanche, ces mares d'eau qui avoisinent la source, et qu'alimente de bas en haut le même liquide, sont très propres à la manifestation du phénomène, et c'est là qu'on a pu faire, avec facilité, provision du gaz qui sort spontanément.

A.—Ce gaz éteint, sans s'enflammer, une bougie allumée.

(1) MM. Massot et Falip ont obvié à cet inconvénient.

B. — L'eau de chaux l'absorbe et louchit; en agitant le précipité dans un excès de gaz, il redevient soluble et le liquide reprend sa limpidité.

C. — L'ammoniaque et la potasse caustique l'attirent promptement en combinaison, sans laisser de résidus gazeux.

A ces caractères on ne saurait méconnaître que c'est là de l'acide carbonique parfaitement pur. Si sa présence annonce déjà une eau acidule, l'abondance de l'émission fait pressentir que cette eau sera fortement chargée de ce principe fugace.

Quoiqu'on n'ait point agi directement sur l'eau de la source, il ne doit rester aucun doute que l'eau des mares reconnaît une même origine; et ce qu'on a pu voir en opérant sur l'eau de la source même, a pleinement confirmé ce résultat.

EXAMEN
de la pellicule qui se forme à la surface de l'eau des mares.

Lorsque les eaux de la source du Boulou sont retenues dans des cavités, de manière à former des mares, leur stagnation et le contact de l'air font bientôt apparaître à leur surface une pellicule de matière insoluble, qu'il suffit de briser pour que ces fragmens se précipitent, et qui se renouvelle avec une célérité remarquable :

La matière de ces pellicules, d'un blanc sale extérieurement, et d'un teint jaune brunâtre sur la surface au contact de l'eau, s'est comportée dans les essais, de la manière suivante.

1° Elle se laisse dissoudre avec effervescence et sans résidu, par l'acide hydrochlorique; la solution sensiblement jaune qui en provient ayant été évaporée à siccité, le résidu a été repris par l'eau distillée qui en laisse une portion indissoute sous la forme d'une matière brun-rougeâtre.

2ᵉ La dissolution aqueuse, traitée par le suroxalate de potasse, a donné un précipité blanc abondant.

Le sous-carbonate d'ammoniaque ajouté en excès produit un précipité de même teinte. Le liquide surnageant ce précipité, soumis, après filtration, à l'influence du phosphate de soude, se trouble sensiblement et laisse déposer une matière grenue blanche qui gagne bientôt le fond du vase.

3° Le résidu brun-rougeâtre de la première opération a été repris par l'acide hydrochlorique. Le liquide bleuit par l'hydrocyanate réactif. L'infusion de noix de galle lui imprime une teinte purpurine. L'ammoniaque décide une précipitation de flocons jaunâtres.

Cette succession d'épreuves nous présente la matière de ces pellicules comme composée de carbonate de chaux en abondance, de proportions notables de carbonate de fer, de petites quantités, enfin, de carbonate de magnésie.

ANALYSE
d'indication de l'eau du Boulou.

L'exploration par les réactifs a eu lieu, non seulement sur l'eau de la source dans son état naturel, et pourvue de tous ses matériaux ; mais encore sur l'eau réduite de moitié par l'ébullition, et ainsi dépouillée d'une grande partie de ses ingrédiens.

DES EFFETS produits par les réactifs sur l'eau, dans son état naturel.

A. Deux gouttes d'acide sulfurique, projetées dans un verre de cette eau, provoquent un dégagement abondant de petites bulles gazeuses. Ce dégagement se prolonge quelques instants, et s'effectue avec bruissement.

B. La solution de tournesol en est fortement rougie, en prenant une teinte vineuse claire.

C. Le sirop de violettes sur lequel on verse l'eau de la source, verdit sensiblement, mais d'un vert d'olive foncé.

D. L'eau de chaux y décide un nuage blanc abondant qui se redissout bientôt ; l'addition d'une grande quantité de ce réactif est nécessaire pour que le précipité se montre permanent.

E. L'ammoniaque trouble puissamment la transparence du liquide en produisant un précipité blanc sale.

F. Le sous-carbonate de soude y décide également un nuage blanc abondant.

G. L'eau de baryte y produit un précipité blanc caséïforme très-copieux.

H. L'hydrochlorate de baryte se borne à provoquer un léger précipité blanc.

I. L'oxalate d'ammoniaque précipite largement en blanc.

J. Quelques gouttes d'une dissolution d'acétate de plomb, font naître un précipité blanc-laiteux, bien plus abondant encore que le précédent.

K. Le nitrate d'argent ne se borne point à former un précipité caséïforme très abondant ; il dégage encore de nombreuses bulles. Le liquide qui surnage sur le précipité se maintient trouble, et prend une teinte violacée, et cette nuance s'avive de plus en plus.

L. La teinture de noix de galle provoque instantanément un dégagement bulleux ; elle communique bientôt une teinture rouge vineuse au liquide qui perd sa transparence, et prend ainsi l'aspect d'un vin légèrement trouble.

M. Si l'on suspend dans l'eau de la source un fragment de noix de galle, la teinture purpurine vineuse ne tarde pas à se montrer, et le liquide se trouble légèrement.

N. L'hydrocyanate ferrugineux de potasse trouble la

transparence du liquide , de manière à produire au fond , un nuage blanc , et vers la partie supérieure une nébulosité d'une teinte sensiblement bleuâtre.

Les résultats de l'analyse témoignent que 105 pouces cubes , ou 2043 centimètres cubes de l'eau de la source du Boulou , contiennent les matériaux suivans :

1° Acide carbonique libre..................1219^c,9
2° Carbonate de soude...(Exp.F.)... 4,956
3° Chlorure de sodium...(Exp.G.)..........1,735
4° Sulfate de soude....(Exp.E.).......... traces.
5° Carbonate de chaux... $\begin{Bmatrix} \text{Exp.A.1,440} \\ \text{Exp.K.0,071} \end{Bmatrix}$ ... 1,511
6° Carbonate de magnésie. $\begin{Bmatrix} \text{Exp.B.0,414} \\ \text{Exp.L.0,025} \end{Bmatrix}$ 0,439
7° Carbonate de fer...... Exp.C. 0,065
8° Silice.............. $\begin{Bmatrix} \text{Exp.D.0,245} \\ \text{Exp.I..0,029} \end{Bmatrix}$ ...0,274
Perte. 0.193
                                    ‾‾‾‾‾‾‾‾
                                      9,173

COMPOSITION

De l'eau du Boulou par litre ou 1000 centimètres cubes.

1° Acide carbonique libre..................611. 3^c
2° Carbonate de soude......................2.431
3° Chlorure de sodium......................0,852
4° Sulfate de soude........................ traces.
5° Carbonate de chaux......................0,741
6° Carbonate de magnésie...................0,215
7° Carbonate de fer........................0,032
8° Silice..................................0,134
                                    ‾‾‾‾‾‾‾‾
                                      4^{gr},405

DE L'IMPORTANCE

Des sources du Boulou et de St-Martin-de-Fenouillar,

PAR M. ANGLADA.

Au milieu des richesses hydrologiques du département, et parmi ce grand nombre de sources ferrugineuses qu'il possède, celles de Boulou et de saint-Martin-de-Fenouillar, méritent d'être signalées à l'attention publique, d'une manière toute particulière, non seulement à raison de leur assortiment minéralisateur, mais encore comme étant très-riches en ingrédiens actifs.

Ces eaux tendent à se confondre, par leur nature, avec celles de Spa, qui sont en possession de rendre tant de services, et qui jouissent d'une si juste célébrité. Ce sont absolument les mêmes matériaux, et dans ce rapprochement *nos sources des Albères ne le cèdent nullement à celles du Limbourg.*

A titre d'eaux acidules, nos sources sont très chargées, et l'emporteraient sur celles de Spa, si on s'en rapportait à l'analyse de Bergman (1) qui n'attribue à celles-ci qu'environ 35 pouces cubes de gaz par 100 pouces cubes de liquide. Il est vrai qu'une analyse de la même eau, publiée en 1816 par le docteur Edwrin Jones, leur assigne de telles proportions d'acide carbonique, que cette même quantité d'eau recélerait plus de 113 pouces cubes de ce gaz; ce que je puis affirmer, c'est que l'évaluation du volume du gaz propre aux eaux acidules est fort souvent entachée d'une véritable exagération.(2)

En assignant aux eaux acidules du Boulou et de St.-Martin, 61, 5, p. c. d'acide carbonique, pour la première, et 75 p. c. pour la seconde, par 100 pouces cubes de liquide, je me suis borné à reproduire strictement le résultat de l'expérience; mais je dois ajouter

(1) Bergman, opusc. chim. t. 1 pag. 210.

que je ne puis qu'être resté en dessous de la réalité,
n'ayant pu éviter certaines déperditions auxquelles devaient concourir la disposition particulière des sources,
le temps nécessaire pour puiser le liquide, et surtout
l'impossibilité de réaliser l'épreuve à la source même ;
et par conséquent, que ces eaux doivent être plus riches
encore en acide carbonique, que ne l'annoncent mes déterminations, lorsqu'on en fait usage sur les lieux.

Le parallèle avec l'eau de Spa serait bien autrement
avantageux à nos sources, si nous les envisagions sous le
rapport de leur richesse en carbonate alcalin, l'un de leurs
matériaux les plus influens. Ainsi, pendant que cent
pouces cubes d'eau de Spa se bornent à contenir de six
à sept grains de carbonate de soude, suivant Bergman,
et à peine un gramme, suivant le docteur Jonnes, même
volume d'eau du Boulou nous offre près de cinq grammes
de ce sel ; différence notable, dont l'ascendant ne peut
qu'être très prononcé dans une foule de cas pour lesquels
les eaux de cette nature sont fortement indiquées.

Je ne doute nullement que ces sources acidules, alcalino-
ferrugineuses de nos albères n'obtiennent un juste crédit
dans l'estime de nos médecins et d'une foule de malades
qui peuvent se bien trouver de l'usage de leurs eaux.
Dans le pressentiment des services qu'il leur est réservé
de rendre, je ne saurais m'empêcher d'appeler de mes
vœux, des dispositions convenables, pour que les buveurs
d'eau puissent trouver au voisinage des sources, un pavillon (1) et un abri tutélaire. Sans cela leur isolément
au milieu de la campagne nuiraient certainement à leur
fréquentation. Les précautions à prendre seraient peu
couteuses ; l'intérêt qui s'y rattache est d'un haut prix ;
sous tous les rapports, elles sont bien dignes de fixer les
vues de l'administration.

(1) Un élégant pavillon convenablement disposé sera
prêt à recevoir les buveurs pour la saison de Juin 1840.

TABLEAU COMPARATIF

DE LA COMPOSITION

DES EAUX ACIDULES ALCALINO-FERRUGINEUSES,

Du BOULOU et de St-MARTIN de FENOUILLAR,

Par litre, 1,000 centimètres cubes.

COMMUNES où sont situées les sources.	ACIDE carbonique.	CARBONATE de soude.	SULFATE de soude.	CHLORURE de sodium.	CARBONATE de chaux.	CARBONATE de magnésie.	CARBONATE de fer.	CARBONATE de manganèse.	POTASSE.	SILICE.	MATIÈRE organique.	ALUMINE.	TOTALITÉ des produits.
Saint-Martin de Fenouillar.	75oe, c.	2, gr. 787	0, 019	0, 324	0, 448	0, 159	0, 050	«	traces.	0, 106	0, 022	«	4, gr. 019
Boulou.	61ce, 3c.	2. 431	traces.	0, 852	0, 741	0, 215	0, 022	«	«	0, 134	«	«	4, 405

ANALYSE

DE L'EAU MINÉRALE DU BOULOU,

AVRIL 1840.

Par M. le Professeur BÉRARD,

DE MONTPELLIER·

L'eau minérale du Boulou qui a été apportée dans mon laboratoire pour être analysée, était contenue dans des bouteilles qui paraissaient avoir été bouchées avec beaucoup de soin. Elle y avait déjà laissé déposer quelques flocons qui étaient d'une couleur brique légère.

Je n'entrerai pas dans le détail des expériences préliminaires qui ont été faites dans le but de déterminer la marche à suivre dans cette analyse.

Un litre de cette eau mesuré avec beaucoup de soin à la température de 12 centigrades a été introduit dans une fiole armée d'un tube à gaz, et portée graduellement à l'ébullition qui a été maintenue pendant quelque temps. Le gaz qui s'est dégagé a été recueilli avec soin sur le mercure ; c'était du gaz acide carbonique pur. Mesuré avec soin à la température de 12° et à la pression de 0,762, il avait un volume de 1075 centimètres cubes. D'où il faut retrancher l'air de l'appareil qui mesuré d'avance était de 81, c. Il reste donc pour le volume d'acide carbonique fourni par un litre d'eau minérale 994 centimètres cubes (à 12° et à 0,762).

Quatre litres de la même eau ont été évaporés dans une grande capsule de porcelaine. On a eu soin de faire passer dans la capsule en même temps que l'eau, le dépôt qu'elle avait déjà formé dans les bouteilles. On a conduit rapidement l'évaporation jusqu'à ce qu'il ne restât plus qu'une petite quantité de liquide. Pendant cette opération, il s'est séparé, à mesure que le liquide bouillait, une quantité assez considérable d'un sel pulvérulent d'une couleur brique pâle. On a séparé avec soin la liqueur du sel insoluble, et on a lavé celui-ci plusieurs fois avec des petites quantités d'eau distillée chaude qu'on a réunie à la liqueur primitive. On a eu ainsi tous les sels solubles dans cette dissolution, et les sels insolubles sont restés dans la capsule. On les a desséchés et rassemblés avec soin, puis chauffés jusqu'au rouge naissant dans le creuset de platine. Ces sels insolubles ont alors pesé 5 grammes 235.

On les a traités par l'acide hydrochlorique pur, en ayant soin d'en ajouter un léger excès. La matière s'est dissoute avec effervescence à l'exception de quelques flocons légers qui étaient de la silice. Réunie, séchée et rougie, elle a pesé 0,070. Elle était alors colorée en rose par un peu d'oxide de fer. La dissolution des sels insolubles dans l'acide hydrochlorique réunie dans un vase conique, a été étendue d'eau distillée, et puis saturée par de l'ammoniaque jusqu'à ce qu'elle présentat une légère réaction alcaline : il s'y est formé un précipité floconneux, rougeâtre, qui était du peroxide de fer, mais la couleur un peu pâle annonçait qu'il était mêlé avec un peu d'alumine ; ce que l'expérience a confirmé. Ce précipité réuni et rougi au feu, a pesé 0,199 ; il n'a pas été facile de séparer exactement l'alumine et l'oxide de fer, mais les résultats des expériences faites dans ce but, sont tels que ce précipité représente 0,170 de carbonate de fer et 0,085 d'alumine. La dissolution à réaction alcaline, décantée avec soin et chauffée, a été traitée par une dissolution titrée d'oxalate d'ammoniaque, afin de déterminer les choses qu'elle pouvait contenir. Il a fallu ajouter successivement 1020 parties d'ammoniaque pour précipiter toute la chaux de cette dissolution ;

2.

or , chaque partie de cet oxalate précipite 0,001975 de chaux ; la quantité totale employée dans cette expérience représente donc 2,015 de chaux , ce qui annonce 3,570 de carbonate de chaux dans les sels insolubles. On a filtré la liqueur dans laquelle toute la chaux avait été ainsi précipitée à l'état d'oxalate de chaux. On a lavé le précipité avec un peu d'eau distillée qui a été réunie dans la liqueur claire , et on a ajouté du phosphate de soude, tant qu'il a troublé le liquide. Le nouveau précipité formé était du phosphate d'ammoniaque et de magnésie. Ce sel séparé , lavé avec le moins d'eau possible , séché et rougi dans le creuset de platine , a pesé 1,620 de magnésie, ce qui représente 0,648 de magnésie , ou 1,343 de carbonate de magnésie. Voila les sels insolubles déterminés.

Quant aux sels solubles, la liqueur qui les contenait a été mesurée ; elle occupait 400 centimètres cubes ; elle a été exactement divisée en trois parties égales ; l'une a été employée à reconnaître , par des expériences préliminaires, la valeur des sels. Ainsi , on s'est assuré qu'il n'y avait pas de sels de potasse, point de sels de chaux ou de magnésie , des traces de sulfate, et qu'en un mot , elle ne renfermait que du chlorure de sodium et du carbonate de soude.

La seconde portion a été chauffée et mise dans un vase convenable où on l'a traitée par une dissolution titrée de nitrate d'argent; il a fallu 285 parties de ce nitrate d'argent; le titre de la dissolution de ce réactif était tel que chaque partie précipitait exactement 0.00389 de chlorure de sodium. Les 285 p. employées, représentent donc 1,1086 de chlorure de sodium ; mais on n'a opéré que sur le tiers de la liqueur concernant les sels solubles; si on eut agi sur la totalité , on aurait trouvé 3,326 de chlorure de sodium.

La troisième portion a été mise dans une capsule , puis saturée par l'acide hydrochlorique pur , qui y a déterminé

une vive effervescence ; on a pris un excès d'acide hydrochlorique , puis on a évaporé à siccité , et chauffé fortement
pour chasser tout excès d'acide ; on a redissout dans l'eau
distillée , et l'on a alors obtenu une dissolution parfaitement neutre. Le but de cette opération était de transformer
le carbonate de soude en chlorure de sodium , parce qu'on
pouvait facilement déterminer la quantité de celui-ci , au
moyen de la dissolution titrée précédente de nitrate d'argent.
En effet , on a fait chauffer la liqueur neutre provenant de
cette opération , et on y a ajouté successivement de la
dissolution titrée de nitrate d'argent, jusqu'à ce qu'il ne fit
plus de précipité de chlorure d'argent ; il en a fallu 1159
parties. On doit retrancher de ce nombre 285 parties
qui, d'après l'expérience précédente, sont nécessaires pour
précipiter le chlorure de sodium existant naturellement
dans la liqueur soumise à l'épreuve. Il reste 874 parties
pour précipiter le chlorure de sodium formé aux dépens
du carbonate de soude , existant dans la même liqueur.
Or ces 874 parties de liqueur titrée représentant 3,400
de chlorure de sodium. Cette quantité correspond à 3,091
de carbonate de soude. Mais on n'a opéré que sur le tiers
de la liqueur contenant des sels solubles ; si on eut opéré
sur la totalité , on aurait trouvé 9,273 de carbonate de
soude.

Voilà les résultats de l'analyse de l'eau de Boulou ,
opérée sur quatre litres d'eau ; Si on rapporte ces résultats
à un litre et en prenant le quart , on trouve :

COMPOSITION DE L'EAU MINÉRALE

DE BOULOU.

PAR LITRE OU 1000 CENTI.ᵉ CUBES ou 1000 GRAᵐ.

1º Acide carbonique (mesuré à 12 d. et à, 0, 762)
994 centi.ᵉ cubes.

2º Carbonate de Soude............ 2, 320 Grammes.

3º Chlorure de Sodium........... 0, 832

4º Sulfate de Soude.......... des traces.

5º Carbonate de Chaux............ 0, 892

6º Carbonate de Magnésie......... 0, 336

7º Carbonate de Fer............. 0, 042

8º Alumine.................... 0, 022

9º Silice..................... 0, 018

Considérations thérapeutiques

SUR LES EAUX

acidules, alcalino-férrugineuses.

Parmi les agents que la thérapeutique emploie avec succès dans une infinité de circonstances, comme moyens curatifs ou hygièniques, les eaux minérales acidules, alcalino-ferrugineuses se trouvent en première ligne.

« (1) En vertu de leur caractère commun d'eaux ferru-
» gineuses, ces eaux doivent partager la puissance tonique
» et astringente, dévolue au principe ferrugineux. Comme
» telles, elles sont indiquées pour combattre le relâchement
» des tissus, la faiblesse des organes, et l'asthénie, sous
» ses formes si variées. Elles intéresseront plus particuliè-
» rement le système sanguin dont elles stimuleront les
» fonctions, en imprimant une impulsion utile à l'hématose,
» soit dans le cas d'anémie, soit lorsque la maladie aura
» frappé d'asthénie une fonction réparatrice aussi importante.

La faiblesse n'est pas un élément morbide qui s'associe toujours à une sensibilité organique plus obtuse; on la voit souvent, au contraire, se joindre à l'éréthisme vital, à une distribution irrégulière de l'influence nerveuse. C'est dans

(1) Anglada, de l'emploi médicinal de nos Eaux Ferrugi_neuses. section E. liv. cinquième.

les cas de ce genre que les acidules ferrugineuses conviendront plus spécialement. Employé seul, l'acide carbonique produit sur l'économie malade, des effets qui l'ont fait réputer sédatif, anti-spasmodique, anti-septique. Qui ignore ses bons effets dans les vomissements par surexcitation de l'estomac, lorsque cette sur-excitation n'est pas de nature phlegmasique ? N'est-ce pas en vertu de cette aptitude qu'il fait la base de l'anti-émétique de Rivière ? Son efficacité pour calmer la sur-excitation rénale, et faciliter les sécrétions du foie dans les subinflammations chroniques de ce viscère, n'est-elle pas bien établie ? Enfin, n'a-t-il pas été préconisé pour combattre certaines dispositions septiques du système vivant ? de tels effets, l'acide carbonique semble les produire en agissant sur le système nerveux, sans qu'on puisse dire, cependant, que toute son efficacité curative dépende de ce mode d'influence.

Aux attributions précédentes, les eaux acidules, alcalino-ferrugineuses doivent joindre d'autres aptitudes médicatrices, dont le concours du bi-carbonate sera la source ; leur pouvoir excitant du système lymphatique se manifestera avec succès, ainsi que leur pourvoir diurétique ; elles en seront plus propres à opérer la résolution des empâtemens viscéraux, à réagir sur les engorgements du foie ou du mésentère, à réprimer certaines dyspepsies ou certaines maladies des voies urinaires.

Comme agens thérapeutiques, les eaux ferrugineuses du Boulou sont de mise dans un grand nombre de nos infirmités ; on les conseille avec avantage dans les cas d'inappétence, de dyspepsie, de langueur des organes digestifs, d'empâtements viscéraux ; dans les aménorrhées ou rétention des menstrues, dans les leucorrhées asthéniques ; dans la chlorose subordonnée à une disposition

anémique ou à la débilitation et la torpeur du sytème vivant.
On trouve à les employer utilement dans les ·longues con-
valescences , surtout lorsque l'abus des méthodes débili-
tantes a sappé profondément les forces de la vie , et a
jété les organes dans un état de langueur peu propre au
procédé de la restauration de ces forces ; à la suite des
fièvres iutermittentes ˉ qui ont amené . des embarras, des
engouemens abdominaux ; dans les fièvres intermittentes
opiniâtres , lorsqu'elles coïncident avec la faiblesse et le
relâchement ; dans les hydropisies , dans les hémorrhagies
passives , dans les diarrhées persévérantes et asthéniques
dans le scorbut lui-même.

A cette série d'attributions médicatrices, les eaux de
Saint-Martin-de-Fénouillar et du Boulou , joindront une
plus grande efficacité curative dans les vomissemens
chroniques, daus les catarrhes pulmonaires tenaces , dans
les catarrhes de la vessie , dans les obstructions viscérales,
dans l'ictère , dans les engorgemens du foie , lors même
qu'il y a sur-excitation , pourvu qu'elle soit modérée et
dégagée de toute réaction phlegmasique ; dans les néplirites
calculeuses passées à l'état chronique. On pourra espérer
d'en tirer bon parti dans quelques cas d'hypochondrie se
rattachant à des empatemens abdominaux , à des obstructions viscérales ; dans les pollutions nocturnes ; en
un mot , dans tous les cas où la faiblesse viendra s'associer
à une excitabilité d'ailleurs modérée.

Ce que la simple analogie vient suggérer des vertus de
ces eaux , l'observation directe le confirme pleinement.
C'est ainsi que s'en explique M. Massot ainé , dont l'ha-
bileté-pratique a été si utile au professeur Anglada, quand
il a été question des eaux du Boulou.

« Les eaux froides de Saint-Martin-de-Fenouillar et du
»Boulou réussissent , selon lui , dans les longues conva-

» lescences entretenues par l'engouement des viscères; elles
» ont rendu de grands services à la suite des fièvres inter-
» mittentes prolongées ; elles sont éminemment diurétiques,
» favorisent l'excrétion des graviers et des matières sablon-
» neuses, et ont opéré, dans ce sens, de grands soula-
» gemens et des guérisons inattendues. Les embarras
» chroniques du foie et ceux de la rate ont été avantageuse-
» ment combattus par elles ».

Des doses des eaux-minérales en boisson.

Toutes les eaux ferrugineuses de Saint-Martin et du
Boulou etc., sont froides ; on les utilise uniquement sous
forme de boissons le matin à jeun, à la dose de quatre
à cinq verres ; on peut aller jusqu'à huit, lorsque le
tempérament est extrêmement lymphatique ; mais, en
général, il ne convient pas de dépasser cette dose.

Quelques buveurs se figurent qu'on ne peut obtenir des
effets d'une eau minérale qu'en la prenant à haute dose ;
c'est une erreur dangereuse : on voit des personnes qui,
après s'être gorgées de l'eau du Boulou, ont eu des indiges-
tions terribles.

« L'art (1) de les approprier aux divers cas où elles sont
» indiquées, suppose une certaine sagacité médicale qui
» sache faire la part de toutes les conditions capables de
» concourir au succès ».

Il est important, pour en obtenir des résultats favorables,
de proportionner l'impression produite par l'eau minérale
à la susceptibilité des organes ; il convient quelquefois,
pour modérer son action, de la mêler avec quelque eau
mucilagineuse, telle qu'une tisane d'orge, de l'eau de veau
ou même du lait. Souvent il deviendra utile de recourir
à ces eaux comme boisson ordinaire ; une impression à la
fois plus modérée et plus soutenue, ne serait pas sans
avantage.

(1) Anglada.

TABLEAU

DES INDICATIONS ET DES CONTRE-INDICATIONS

DES EAUX DU BOULOU

et de Saint-Martin-de-Fenouillar.

INDICATIONS.	CONTRE-INDICATIONS.
Dans l'Aménorrhée, la Leucorrhée Asthénique. Eau du Boulou, quatre ou cinq verres le matin à jeun.	Lorsqu'elle est chronique.
Dans la Chlorose subordonnée à une débilitation. Eau du Boulou, quatre ou cinq verres le matin, et jusqu'à huit verres, lorsque le tempérament est extrêmement lymphatique.	Lorsqu'elle n'est pas chronique.
Dans les vomissements avec surexcitation de l'estomac. Eau du Boulou, quatre ou cinq verres, le matin à jeun.	Lorsqu'elle n'est pas de nature phlegmasique.
Palpitations spasmodiques qui dépendent de l'atonie générale. Bain, eau du Boulou.	Dépendant d'une lésion organique du cœur.
Dans la stérilité chlorotique. Bain, eau du Boulou, quatre ou cinq verres.	Irritation pulmonaire.
Chute de matrice. Douches ascendantes et eau du Boulou en boisson.	
Cardialgie nerveuse. Eau du Boulou en boisson.	Gastrite chronique.

INDICATIONS.	CONTRE-INDICATIONS.
Engorgements lymphatiques. Bain, eau de S. Martin en boisson.	
Chorée produite par une suppression menstruelle. Eau du Boulou en boisson.	Avec pléthore.
Dans l'ictère, et dans les engorgemens du foie ou du mésentère. Bain, eau du Boulou en boisson.	Avec fièvre.
Dans les longues convalescences, lorsque les organes sont dans un état de langueur. Eau du Boulou de quatre jusqu'à huit verres : lorsque le tempérament est extrèmement lymphatique	
Dans les fièvres intermittentes opiniâtres. Eau du Boulou quatre ou cinq verres le matin.	Coloration vive de la face , excitation du système capillaire sanguin.
Dans les hémorrhagies passives. Eau du Boulou en boisson, modérer son action avec quelque eau mucilagineuse.	
Dans les diarrhées persévérantes. Eau de S. Martin en boisson.	Lorsqu'elle n'est pas chronique.
Pour calmer la sur-excitation rénale. Eau du Boulou en boisson.	
Obstructions viscérales à la suite des fièvres intermittentes opiniatres. Eau à l'extérieur pour opérer une révulsion efficace, tout en faisant concourir au même but les boissons.	Quand l'obstruction n'est pas trop invétérée.

INDICATIONS.	CONTRE-INDICATIONS.
Inappétence et langueur des organes digestifs. Eau du Boulou en boisson.	
Pour réprimer certaines dyspepsies ou certaines maladies des voies urinaires. Eau du Boulou en boisson, bain.	
Gonorrhée. Eau du Boulou quatre ou cinq verres, et injections dans le canal de l'urètre, bain.	Lorsqu'elle est compliquée d'un élément inflammatoire.
L'anazarque et autres hydropisies chlorotiques. Eau du Boulou en boisson.	
Incontinence d'urine. Eau du Boulou en boisson, bain.	
Le relachement des tissus et faiblesse des organes. Eau du Boulou en boisson.	
Enfin dans toutes les maladies où prédomine l'atonie, où l'irritabilité nerveuse est exaltée et où le sang est dépourvu du principe de coloration.	

Toutes ces distinctions de l'emploi médicinal des eaux de la source du Boulou, et de St.-Martin de Fenouillar selon l'indication, et la contre-indication, sont très importantes pour arriver à un bon résultat. Je désire surtout fixer l'attention des praticiens sur l'effet que produisent nos eaux en boisson, dans les suppressions des mois, et dans les pertes blanches, variées selon les circonstances, elles produisent des effets surprenants.

Veut-on enfin avoir un exemple des propriétés médicinales des eaux des sources du Boulou? qu'on lise les observations suivantes récueillies avec impartialité.

Iᵉ OBSERVATION. *Suppression menstruelle.* Une demoiselle de Clermont, (Puy-de-Dôme), agée de 25 ans, d'un tempérament sanguin, après avoir été reglée pendant dix à douze ans d'une manière irrégulière, vit à la suite d'une frayeur, cesser entièrement le flux menstruel. On combattit cette maladie par tous les moyens connus sans le moindre succès; lorsque la malade se présenta au Dr. F..... en septembre 1839, la suppression durait depuis dix ans, et offrait tous les symptômes de la chlorose. Cette malade commença par prendre l'eau de la source du Boulou, en boisson à la dose de quatre verres, poussée jusqu'à huit dans la journée. Après 20 jours de ce traitement, le flux menstruel se retablit et dissipa entièrement la pâleur du visage; le flux périodique a toujours continué sans interruption.

IIᵉ OBSERVATION. Le flux menstruel avait été interrompu chez Mlle. M.... agée de 34 ans, des médecins instruits avaient combattu cette maladie avec tous les moyens ordinaires : les bains, les emménagogues; la malade était en proie à une fièvre lente avec digestions pénibles, face bouffie, teint pâle et profonde tristesse. Elle fut mise à l'usage de l'eau du Boulou, à la dose de quatre verres. Cette médication active fit reparaître le flux utérin, la fièvre cessa, les autres accidents disparurent, et la malade reprit sa première santé.

III. OBSERVATION. Auffrése, soldat au 26ᵐᵉ régiment, agé de 46 ans, d'un tempérament lymphatique, avait eu en Afrique (Constantine), il y a un an, une fièvre intermittente quarte; la quinine fut employée sans succès pendant six mois; de retour en France avec la fièvre, il dut entrer à l'hôpital de Cette (Hérault); là il prit successivement, et pendant vingt-un jours, 20 grains de sulfate de quinine, sans en retirer aucun soulagement. La fièvre ne cédant pas, il fut mis à l'usage de l'eau du Boulou. Dès le sixième jour, l'amélioration fut tellement prononcée qu'il put se promener sur la terrasse de l'établissement, pendant un assez long espace de temps, sans éprouver la moindre fatigue; enfin quinze jours après, la fièvre disparut entièrement.

IVᵉ OBSERVATION. Mestre, caporal au 26ᵉ régiment, se trouvait dans un état semblable au précédent : fièvre continue, gêne considérable dans la respiration. etc. Divers traitemens avaient été vainement tentés depuis son retour d'Afrique: à l'époque où il commença à faire usage de l'eau du Boulou, la fièvre continue avait augmenté d'intensité; dix-huit verres suffirent pour opérer une guérison complète, et permettre au caporal de reprendre son service.

V.° OBSERVATION. Une demoiselle de Cette, (Hérault) agée de 30 ans, d'un tempérament lymphatique et d'une constitution délicate, était frappée d'une jaunisse intense avec maigreur extrême, faiblesse, insomnie. Des médecins de Montpellier consultés, lui avaient fait subir un traitement sans obtenir d'amélioration dans son état; voyant que tous les remèdes mis en usage étaient infructueux, cette malade essaya des eaux du Boulou en boisson, et vingt cinq jours lui suffirent pour voir ses forces se rétablir et la couleur jaune disparaître.

VI°. OBSERVATION. Eugéne F** agé de 7 ans, d'une faible constitution, éprouvait depuis quelque temps des battemens de cœur très-violents; le malade se plaignait du boursoufflement du ventre, était en proie à une fièvre lente, à une inappétence, à une douleur vers l'hypochondre droit; il était d'une maigreur extrême, tout son corps était couvert d'une couleur jaune très prononcée, il était de plus en proie à une constipation très opiniâtre. L'enfant souffrait beaucoup, malgré les soins qui lui étaient prodigués par son père, homme de l'art. Désespéré de voir un état si grâve (1) se prologner, le père se détermina à lui donner de l'eau du Boulou en boisson, et à en modérer l'action par un mélange d'eau mucilagineuse, que l'enfant prit pendant un mois. En peu de temps les symptômes les plus alarmans éprouvèrent une diminution rapide, et finirent enfin par disparaître complètement; le mieux augmenta d'une manière si sensible qu'après deux mois, la guérison fut complète.

VII.° OBSERVATION. D.... sergent au 26°. régiment de ligne, était depuis long-temps atteint d'une blennorrhagie entretenue par la vie excitante que mène ordinairement le militaire en garnison. Diverses méthodes de traitement avaient été dirigées contre cet écoulement, mais sans résultat; on lui prescrivit des injections avec l'eau du Boulou; et dans le même temps, on lui en fesait prendre en boisson. L'écoulement disparut complétement.

VIII.° OBSERVATION. Madame C... agée de 24 ans, d'un

tempérament lymphatique, après un troisième acouchement, avait été en proie à une leucorrhée si abondante, qu'il en était résulté une chûte de la matrice. Dans un état aussi déplorable, ne pouvant marcher, ni même rester assise, elle fit usage de l'eau du Boulou en injections, et sous l'influence de ce moyen salutaire, la matrice reprit sa position, et Madame C.. eut le bonheur d'obtenir une guérison complète.

IX.° OBSERVATION. J'étais atteint de fièvres inter-mittentes depuis 5 ans, sans éprouver aucun soulagement; tous les quinze jours, je ressentais avec la fièvre de vio-lents maux de tête qui m'otaient l'usage de la parole; j'ai vainement consulté d'habiles médecins qui m'ont fait subir de nombreux traitements, sans me soulager; depuis deux mois, la fièvre était continue de même que les maux de tête. Le 12 février j'entendis vanter les eaux minérales du Boulou et de St.-Martin de Fenouillar; le 13, 14 et 15 du courant, j'en fis usage en boisson le matin, la quantité d'un demi litre; le 14, la fièvre se fit à peine sentir; le 15 la fièvre cessa complétement, et depuis mes forces se réta-blissent, et je suis tout-à-fait guéri.

Perpignan, le 18 février 1840.

Signé **P. FONS.**

X.° OBSERVATION. Une femme de cinquante ans avait la face dorsale des mains, les bras, les aisselles, les jambes, la partie interne et supérieure des cuisses et une partie de la région lombaire, couverts d'une éruption dartreuse, qui fournissait une suppuration abondante, ichoreuse et fétide; cette éruption durait depuis deux ans; plusieurs traitemens avaient été employés, mais sans succès. Lorsque je vis cette femme (le 15 avril 1829), je lui conseillais l'usage de l'eau acidule, alcalino-ferrugineuse du Boulou et de St-Martin, à la dose de 4 à 8 verres par jour : au bout de quinze jours, une partie des croûtes était tombée, et la peau remise presque dans son état naturel; elle fit encore usage quelque temps de ces eaux, elle prit six bains tempérés avec l'eau de rivière, et l'éruption n'a plus reparu; cette femme a joui depuis lors d'une bonne santé

J'ai employé plusieurs fois, avec un plein succès, lesdites eaux, dans les affections dartreuses, les fièvres intermit-tentes, les gastrites chroniques, dans l'aménorrhée, les pâles couleurs, les maladies des reins et de la vessie, la gravelle, la jaunisse, etc, déclare encore les avoir employées dans les affections rhumatismales et goutteuses, et avoir obtenu des soulagemens.

Maureillas, le 28 mars 1840.

Signé **GAMMEAU**, *Officier de santé*.

XIe OBSERVATION. Madame C... âgée de 25 ans, d'un tempérament flegmatique, fut prise en 1839, d'une perte blanche fort incommode, très abondante et de couleur verdâtre; il n'y avait rien d'anormal au col, ni au corps de la matrice; pour la délivrer d'une perte qui durait déjà depuis long-temps, d'autant plus qu'elle n'avait point été soulagée par les remèdes qu'on lui avait fait prendre, je conseillai les eaux du Boulou, dont elle fit usage en bains et en injections vaginales. J'eus quelque difficulté à faire accepter à Me C., ce dernier genre de médication; mais elle se rendit enfin à mes instances. Les bains et les injections furent pris pendant vingt jours. Sous l'influence de ce traitement, l'écoulement leucorrhoïque disparut complètement.

Les eaux du Boulou ont des propriétés médicinales incontestables, et j'assure positivement qu'on peut les employer avec succès pour détruire les écoulemens leucorrhoïques entretenus par un dérangement dans les fonctions sécrétoires de l'organe utérin. Elles sont contraires dans les leucorrhées qui tiennent à un état inflammatoire ou à l'irritation de la matrice.

Signé **FALIP**, à Cette.

XIIe OBSERVATION. Dans le cours de ma longue pratique, j'ai eu bien des fois, l'occasion d'administrer à mes malades l'eau acidule gazeuse dite de St. Martin de Fenouillar. Jamais, je n'ai dû me repentir d'en avoir prescrit l'usage et souvent j'en ai obtenu des résultats heureux. Entr'autres cas de guérison, je puis citer celui d'une hydropisie du bas ventre dépendant d'un empâtement du foie, chez le Sr. Padaillé, ancien maire d'Argelés (Pyrénées Orien^{les}.); par le secours seul de cette eau, ce malade recouvra une santé parfaite. Le nommé Planes de Eloro (Pyrénées Oles.) atteint d'un engorgement de l'organe hépatique, mais sans épanchement séreux dans le péritoine, se guérit parfaitement par l'usage de cette eau. Elle est parfaitement indiquée dans la chlorose, l'anémie, la dyspepsie avec symptômes nerveux, la gastralgie proprement dite, la gravelle et la plupart des engorgemens des organes glandulaires et parenchymateux. A forte dose elle purge copieusement ; toujours elle agit comme puissant diurétique.

Ceret , 28 Mars , 1840.. (Pyrénées Orientales).

Signé. **BERLAN** , *D. M.*

XIII° OBSERVATION: Louis Trinquier, employé au curage du port de Cette, âgé de 36 ans, d'une constitution scrophuleuse, portait depuis longtemps à la malléole interne du pied gauche un vaste ulcère profond, à bords lardacés d'un caractère scorbutique, et accompagné d'une suppuration très abondante et fétide. Un médecin recommandable de la ville l'avait traité pendant long-temps sans pouvoir le guérir., et , comme l'os de la malléole interne paraissait affecté, il avait conseillé l'amputation du membre, comme seul moyen de guérison. Dans cet état déplorable, il fut présenté , le 28 décembre 1839 , au D. F...... qui pendant deux mois le soumit à différens moyens qui furent employés, sans en retirer le moindre amendement ; après avoir épuisé tous les moyens thérapeutiques, et voyant que tous les remèdes étaient infructueux , le malade fut mis immédiatement à l'usage des bains de jambes et des lotions de l'eau du Boulou, pendant vingt-cinq jours consécutivement. L'action énergique de ces eaux fut secondée par l'usage de la même eau en boisson , et à la dose de quatre verres, le matin à jeun, Par cette médication active , il eut le bonheur de voir l'ulcère diminuer d'une manière remarquable; les chairs s'avivèrent, les bords perdirent leurs callosités, et en peu de temps il eut la satisfaction de voir sa plaie se cicatriser ; enfin le sieur Trinquier est aujourd'hui complétement guéri d'un ulcère qui avait résisté aux traitements les mieux indiqués.

Cette observation prouve d'une manière évidente le bon effet que l'on peut retirer des eaux du Boulou, dans les anciens ulcères des jambes ; elles détergent, ramollissent les callosités ; bientôt après, les chairs s'avivent, de boutons charnus paraissent et amènent la cicatrice de ces plaies si rebelles dans les pays méridionaux.

Cette foule d'individus , qui continuellement se présente aux sources du Boulou avec des ulcères aux jambes, semble attester l'efficacité dont elles doivent jouir contre cette cruelle maladie; l'eau du Boulou en boisson, les bains locaux , sont les moyens qui le plus ordinairement réussissent. Nous avons vu des ulcères sur les jambes d'un individu de Perpignan, qui existaient depuis bien long-temps, cicatriser dans l'espace de six mois par l'usage des bains locaux seulement.

XIV° OBSERVATION. M. L. propriétaire, âgé de 46 ans, d'une constitution lymphatique, se trouvait sans appétit depuis plusieurs années, et était affecté de douleurs d'estomac accompagnées d'éructations fétides; il fut rétabli, après avoir fait usage des eaux du Boulou dans l'espace de quinze jours, et à la dose de huit verres par jour.

XV° OBSERVATION. Madame L. veuve de Montpellier, âgée de 35 ans, se plaignait de vomissement et de diarrhée; elle ne digérait qu'avec une extrême difficulté le peu de nourriture qu'elle prenait; les eaux du Boulou qu'elle prit en boisson pendant vingt jours, à la dose de six verres chaque matin, dissipèrent l'affection gastrique.

XVI° OBSERVATION. M.lle B. âgée de 20 ans, avait eu, dans sa dix-septième année, une légère apparition des régles; elle ne pouvait se livrer à la moindre fatigue, sans éprouver des battements de cœur toujours précédés et accompagnés de vives douleurs dans le bas-ventre. Les eaux du Boulou qu'elle prit en boisson eurent pour résultat l'éruption des menstrues dès le huitième jour, et qui n'a pas cessé de reparaître ensuite aux époques habituelles.

Je termine le tableau de quelques observations faites avec exactitude, et qu'il me serait si facile de multiplier; en les publiant, je ne dois pas oublier de prévenir MM. les médecins, que la société qui vient de se former pour l'exploitation des eaux acidules ferrugineuses du Boulou, et, désirant donner au public la facilité d'employer ces eaux dans les divers cas où elles sont indiquées, vient d'établir des dépôts dans les principales villes de france et de l'étranger.

Les travaux de la société ne se borneront pas là; un journal exclusivement consacré à faire connaitre les observations recueillies pendant les deux saisons des bains, paraitra chaque année.

FIN.

www.ingramcontent.com/pod-product-compliance
Lightning Source LLC
Chambersburg PA
CBHW070802210326
41520CB00016B/4796